Das Übungsheft 3

Geometrie · Mathematik

Markus Westermeyer

Name: _____

Klasse: _____

Quellenverzeichnis

S. 28: stock.adobe.com: Blechdose © Pierre brillot, Faschingshut © Lucky Dragon, Kugelskulptur © schulzfoto, Branitzer Park © traveldia, Siegessäule © lumen-digital, Hochhäuser © Blue Jean Images, Dach © Fotoschlick, Koffer © Anterovium, Christbaumkugel © katenov1234, Schatzkiste © goldpix; Würfel © porpeller – 123rf
S. 29: stock.adobe.com: Eiswaffel © unpict, Leuchtturm © by-studio, Pyramide © Arvind Balaraman, Prisma © ktsdesign, Fußball © Paul W. Brian, Wald © AVTG, Kerze © Александр Беспалый, Windmühlen © CCat82, Straßenkegel © tang90246, Pappkarton © picsfive; Rubik's Cube © rkankaro – istockphoto.com

Bestell-Nr. 3504-51 · ISBN 978-3-619-35451-1
© 2018 Mildenberger Verlag GmbH, 77610 Offenburg
www.mildenberger-verlag.de
E-Mail: info@mildenberger-verlag.de
Auflage   5   4   3   2
Jahr   2023   2022   2021   2020

Das Werk und seine Teile sind urheberrechtlich geschützt. Jede Nutzung in anderen als den gesetzlich zugelassenen Fällen bedarf der vorherigen schriftlichen Einwilligung des Verlages. Hinweis zu § 52a UrhG: Weder das Werk noch seine Teile dürfen ohne eine solche Einwilligung eingescannt und in ein Netzwerk eingestellt werden. Dies gilt auch für Intranets von Schulen und sonstigen Bildungseinrichtungen.

Redaktion: Sebastian Tonner
Illustrationen: tiff.any GmbH, Berlin/Mario Kuchinke-Hofer, Miriam Fritz
Fotos: tiff.any GmbH, Berlin/Martin Adam
Layoutkonzeption: tiff.any GmbH, Berlin
Gestaltung und Satz: tiff.any GmbH, Berlin
Druck: EuroPrintPartner GmbH & Co. KG, 77694 Kehl

1 Färbe die Formen in den abgebildeten Farben.
Nicht alle Formen können gefärbt werden.

2 Stimmt oder stimmt nicht? Kreuze an.

	stimmt	stimmt nicht
Ein Kreis hat keine Ecken.		
Es gibt Rechtecke mit nur drei Ecken.		
Bei einem Quadrat sind nicht immer alle Seiten gleich lang.		
Bei einem Rechteck sind gegenüberliegende Seiten gleich lang.		
Ein Kreis ist immer größer als ein Dreieck.		
Zwei nebeneinanderliegende Quadrate ergeben ein Rechteck.		
Es gibt Dreiecke mit vier Seiten.		
Ein Rechteck kann so geteilt werden, dass zwei Dreiecke entstehen.		

Formen erkennen

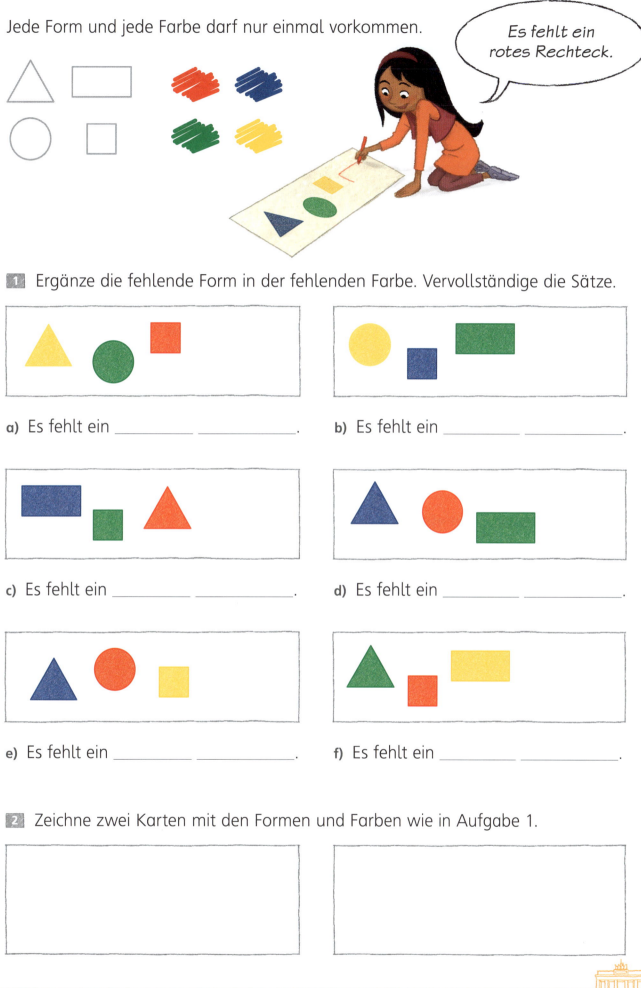

Jede Form und jede Farbe darf nur einmal vorkommen.

Es fehlt ein rotes Rechteck.

1 Ergänze die fehlende Form in der fehlenden Farbe. Vervollständige die Sätze.

a) Es fehlt ein _____ _____.

b) Es fehlt ein _____ _____.

c) Es fehlt ein _____ _____.

d) Es fehlt ein _____ _____.

e) Es fehlt ein _____ _____.

f) Es fehlt ein _____ _____.

2 Zeichne zwei Karten mit den Formen und Farben wie in Aufgabe 1.

Flächen benennen

1 Zeichne die fehlenden Seiten und bestimme die Länge mit dem Lineal.

a) Rechteck

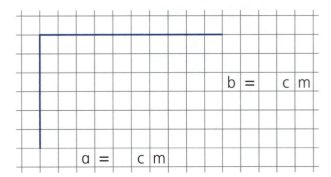

b) Rechteck

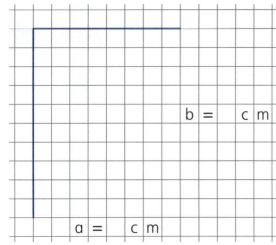

c) Dreieck

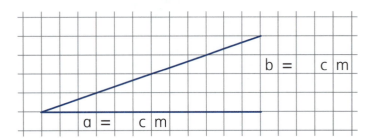

d) Quadrat

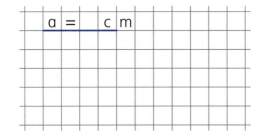

2 Zeichne die Flächen mit den angegebenen Maßen.

a) ein Rechteck mit den Seitenlängen a = 2 cm und b = 3 cm

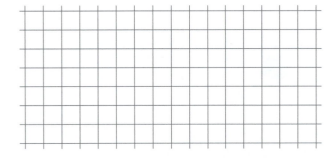

b) ein Quadrat mit der Seitenlänge a = 3 cm

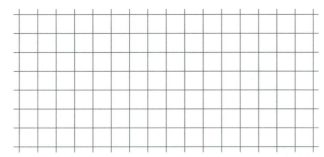

c) ein Dreieck mit den Seitenlängen a = 5 cm und b = 2 cm

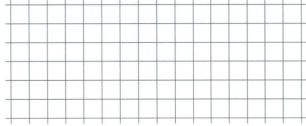

d) ein Rechteck, bei dem die eine Seite doppelt so lang ist wie die andere Seite

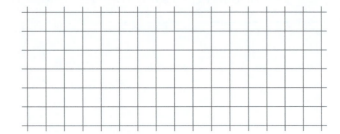

Flächen zeichnen

1 Immer zwei Teile gehören zusammen und ergeben eine Fläche.
Ergänze die Tabelle unten.

Diese zwei Teile ergeben ein Rechteck.

Teil 1 + Teil 2	Name der Fläche
A + E	Rechteck

Teil 1 + Teil 2	Name der Fläche

Fläche aus Teilstücken zusammensetzen

1 Auf dem Bild verstecken sich Parallelogramme und Trapeze. Sie sind nicht immer vollständig zu sehen. Färbe alle Parallelogramme rot und alle Trapeze blau.

Parallelogramme und Trapeze erkennen

1 Verbinde die Punkte in der richtigen Reihenfolge. Benutze ein Lineal.
Schreibe dann den Namen der Form dazu.

a) A – B – C – D – A: _____

b) E – F – G – E: _____

c) H – I – J – K – H: _____

d) L – M – N – O – P – L: _____

e) Q – R – S – T – Q: _____

f) U – V – W – X – U: _____

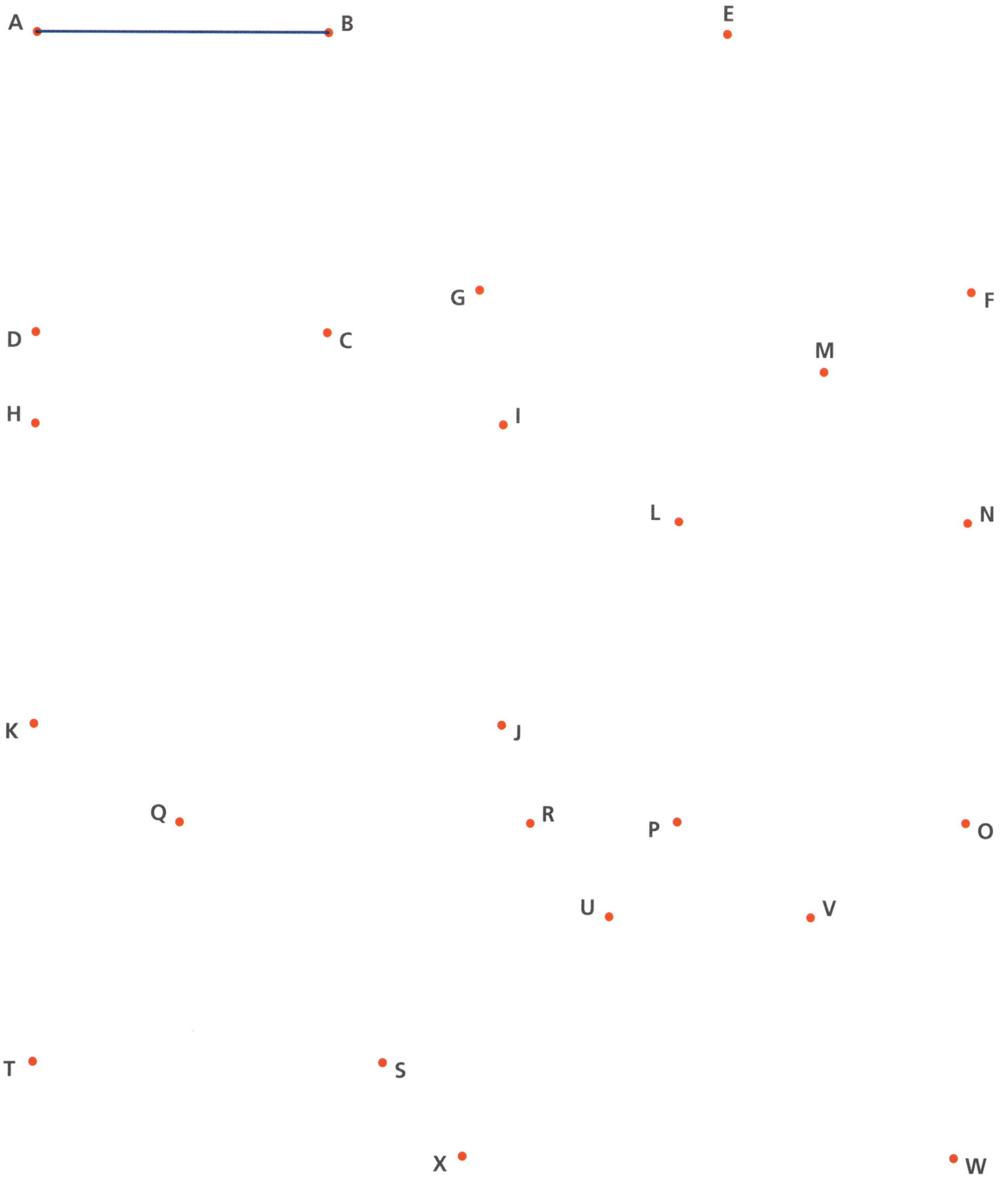

Flächen nach Vorgabe zeichnen

1 Lege die abgebildeten Figuren mit den farbigen Formen von Beilage 1 aus. Es gibt verschiedene Möglichkeiten.

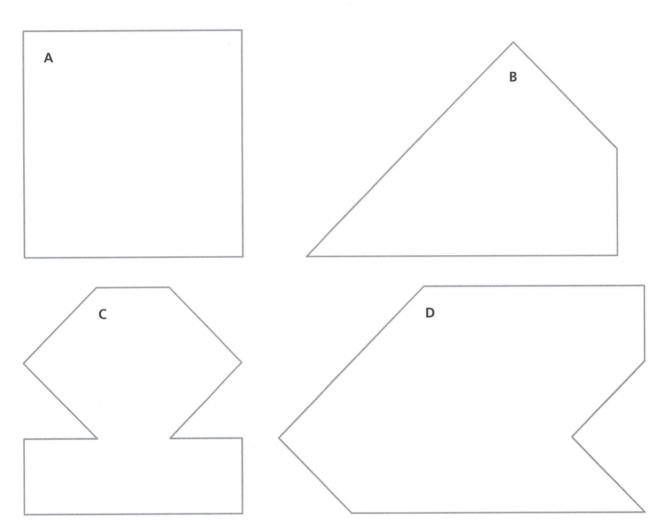

2 Trage jeweils zwei verschiedene Möglichkeiten in die Tabelle ein. Notiere, wie oft du eine Form verwendet hast.

A							
A							
B							
B							
C							
C							
D							
D							

Figuren mit Formen auslegen

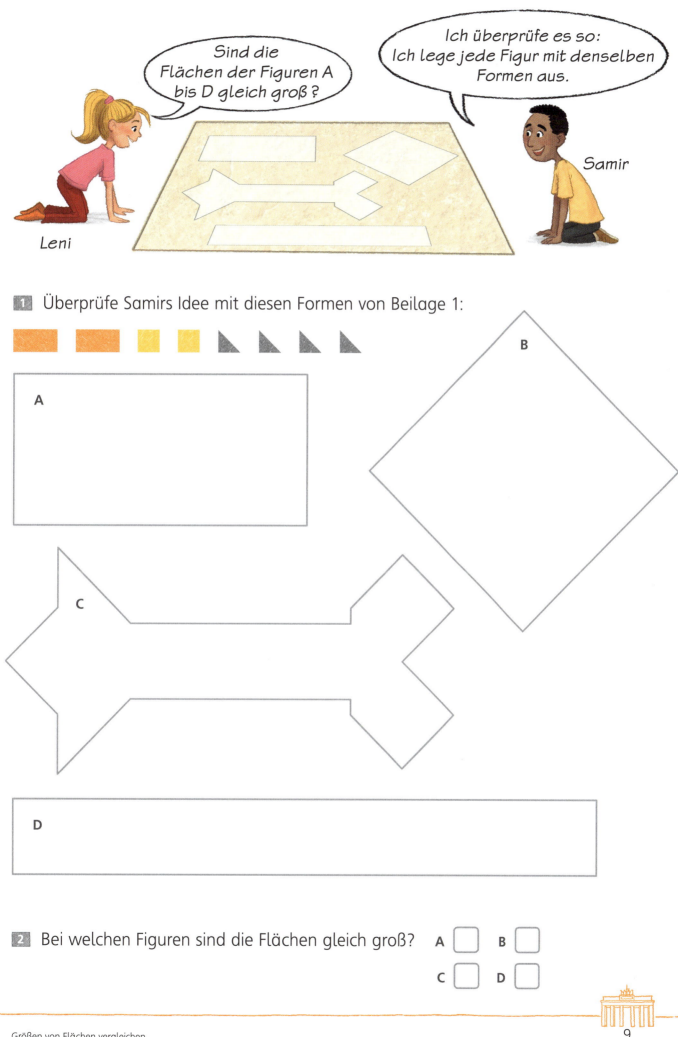

1 Sind die rot eingezeichneten Linien Symmetrieachsen?
Überprüfe mit einem Spiegel und streiche unsymmetrische Figuren durch.

a) 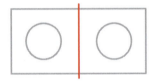   b) 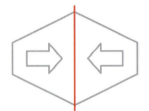   c)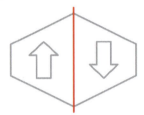

d) 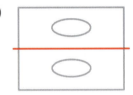   e) 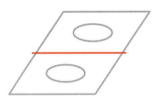   f)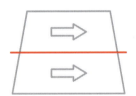

2 Verändere die Figuren so, dass die eingezeichneten Symmetrieachsen stimmen. Zeichne so genau wie möglich.

a)    b)    c)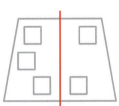

d)    e) 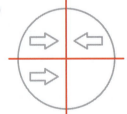   f)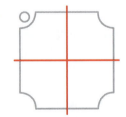

Symmetrieachsen erkennen

1 Welche Figuren sind symmetrisch? Überprüfe mit einem Spiegel.
Zeichne die Symmetrieachsen ein.

a)
b)
c)

d)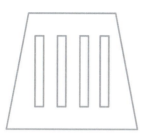
e)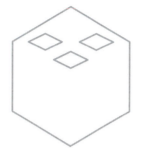
f)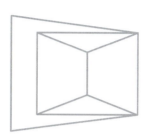

2 Zeichne alle Symmetrieachsen ein. Streiche unsymmetrische Figuren durch.
Nutze einen Spiegel zur Kontrolle.

a)
b)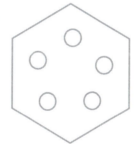
c)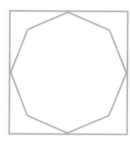

d)
e)
f)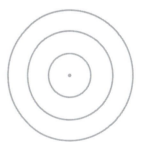

g)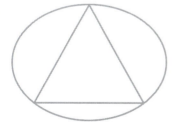
h)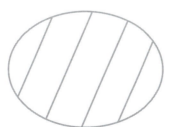
i)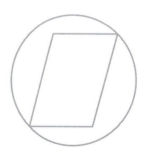

Symmetrieachsen einzeichnen

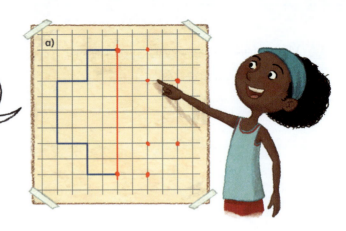

Der Eckpunkt ist zwei Kästchen von der Symmetrieachse entfernt.

1 Verbinde die Eckpunkte, damit symmetrische Figuren entstehen.

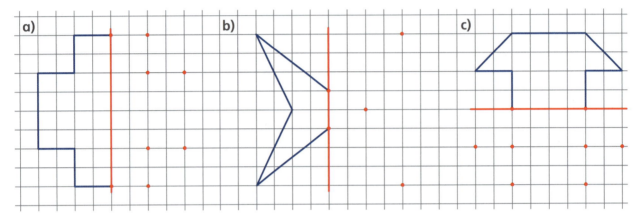

2 Vervollständige zu symmetrischen Figuren. Markiere zuerst die Eckpunkte im passenden Abstand von der Symmetrieachse und verbinde sie dann.

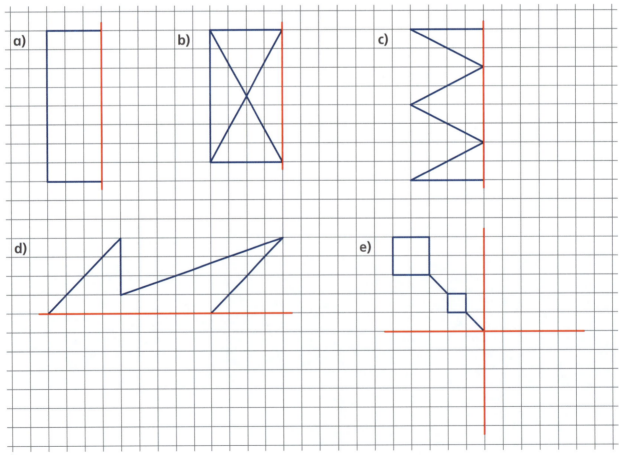

Symmetrische Figuren ergänzen

1 Vervollständige das Bild an der Symmetrieachse.

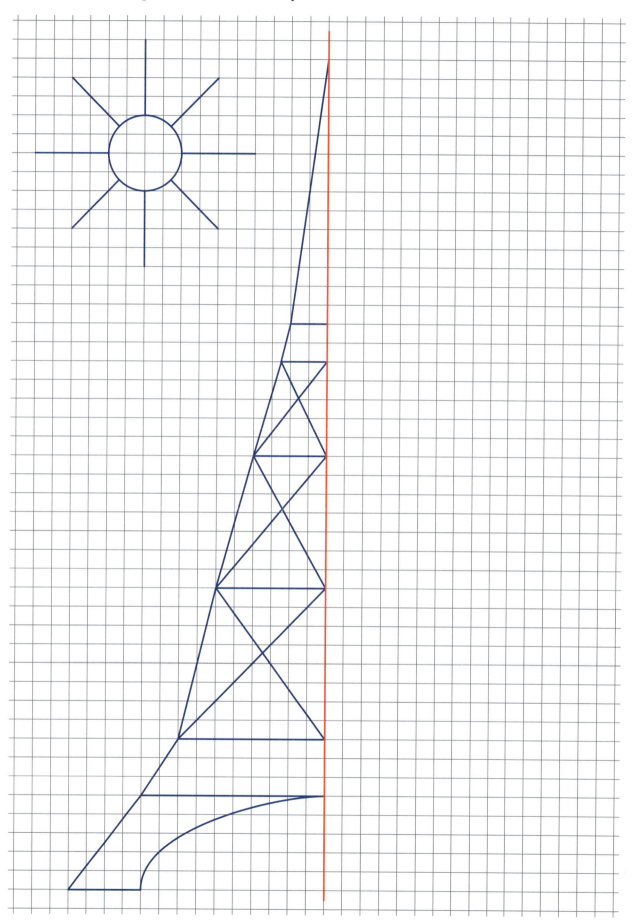

Symmetrische Figuren vervollständigen
Hinweis: Bogen und Sonne können freihand gezeichnet werden.

1 Ergänze die fehlenden Farben.

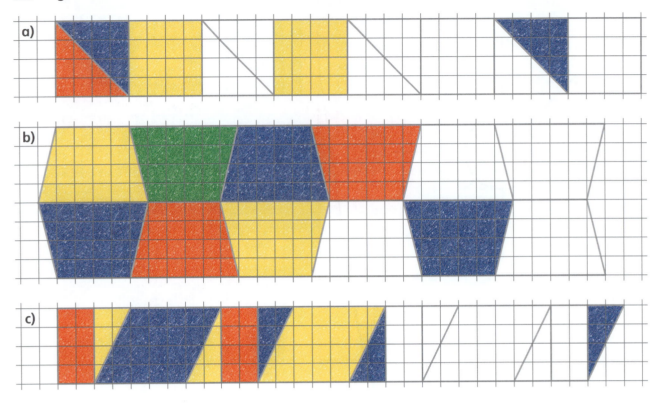

2 Ergänze die fehlenden Farben und Formen.

1 Setze die Muster nach rechts fort.

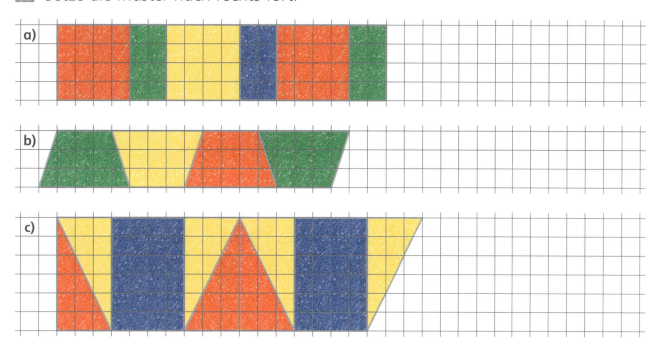

2 Setze das Muster nach rechts und nach unten fort.

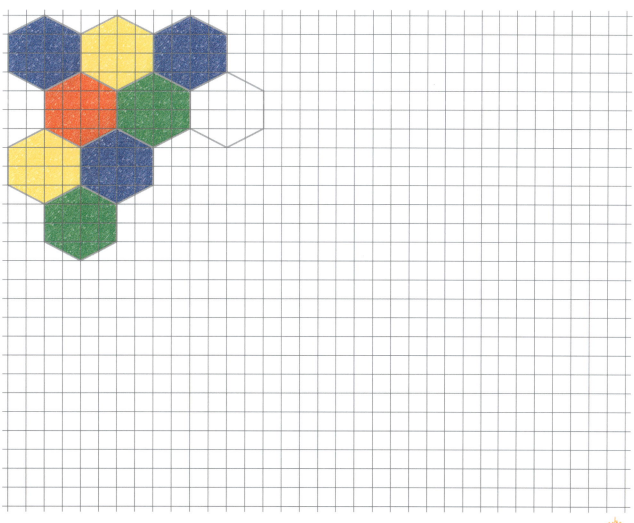

1 Lege die Figuren aus. Benutze alle 7 Tangram-Formen von Beilage 1.
Zeichne die gelegten Formen mit dem Lineal ein.

Dieses Feld bleibt frei.

Figuren aus Tangram-Formen auslegen

1 Lege die Figuren mit den Tangram-Formen von Beilage 1 aus. Zeichne die gelegten Formen mit dem Lineal ein.

Figuren aus Tangram-Formen auslegen

1 Lege nach. Zeichne die Tangram-Formen möglichst genau in die Figuren ein. Es müssen immer 7 Formen sein.

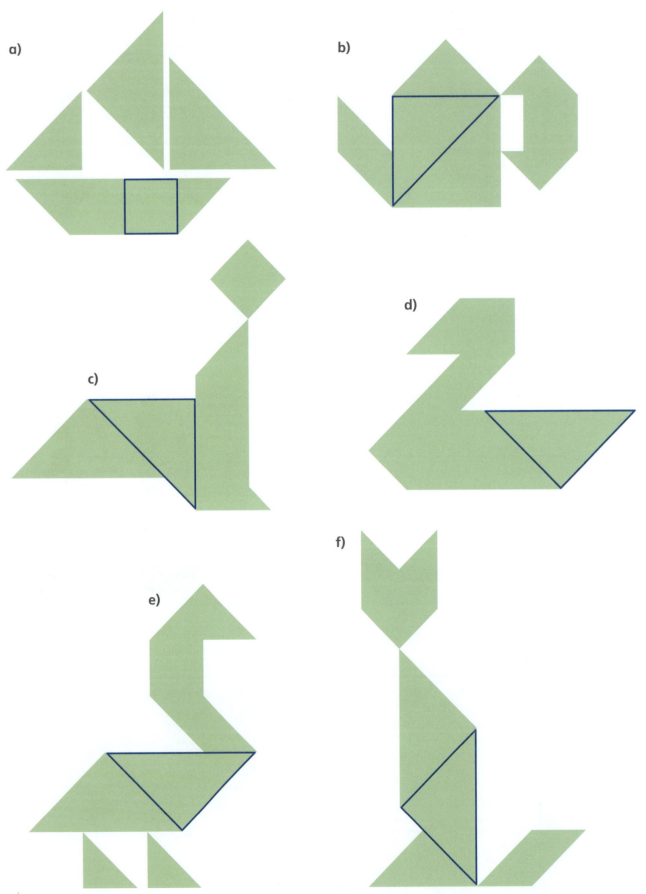

a)
b)
c)
d)
e)
f)

Fehlende Tangram-Formen einzeichnen

1 Finde alle Figuren, die du mit allen 7 Tangram-Formen nachlegen kannst. Zeichne die Formen möglichst genau in die Figuren ein.

Tangram-Figuren finden und Formen einzeichnen

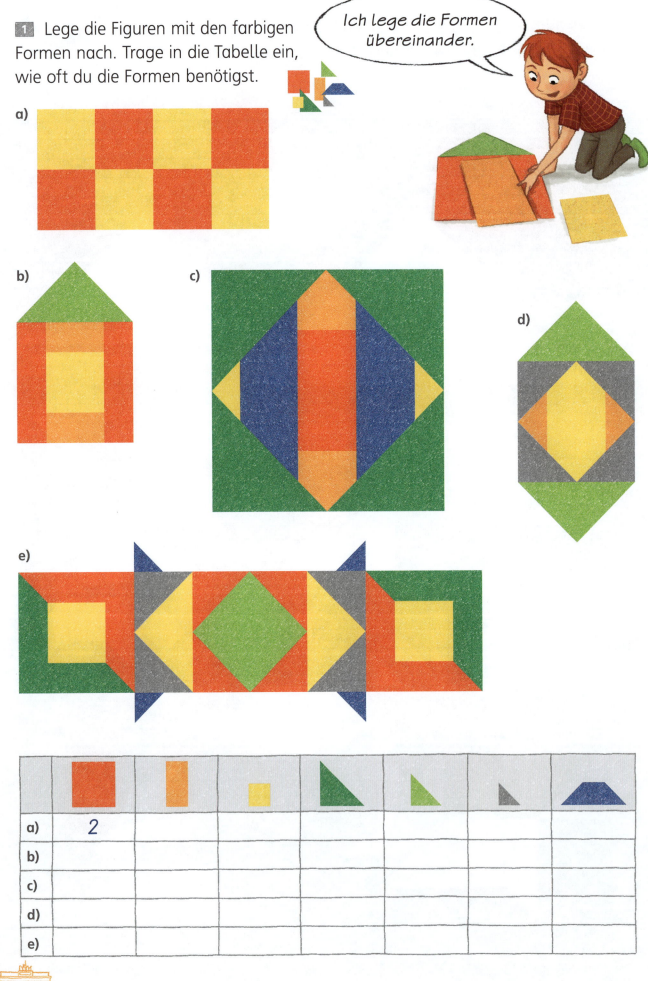

1 Lege die Figuren und ihr Spiegelbild nach. Zeichne.
Beginne mit den Eckpunkten.

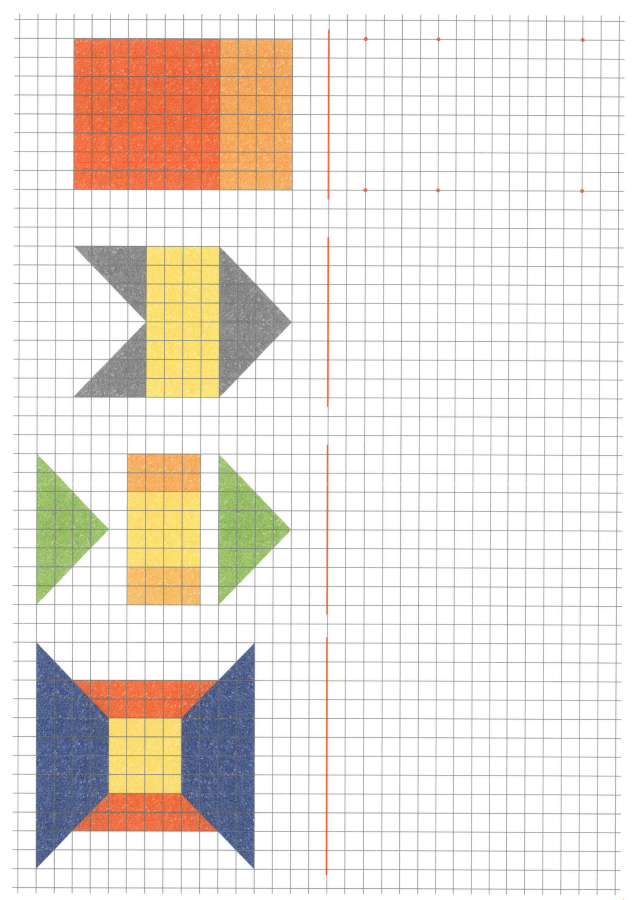

Achsensymmetrie mit Abstand zur Symmetrieachse

1 Spiegle die Figuren mehrmals an den eingezeichneten Symmetrieachsen.

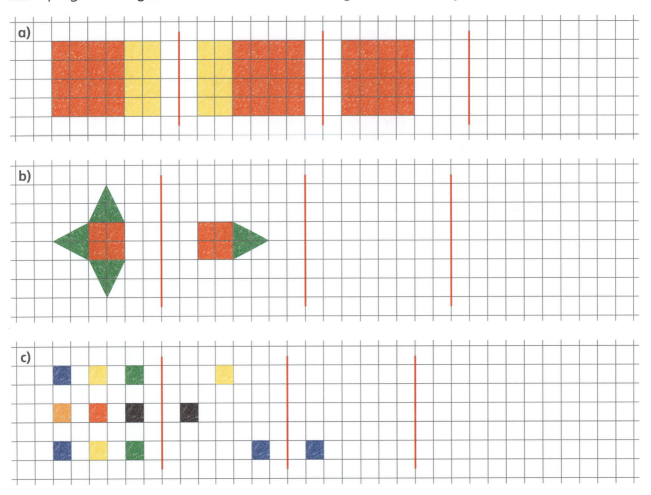

2 Spiegle die Figuren an den roten Symmetrieachsen.

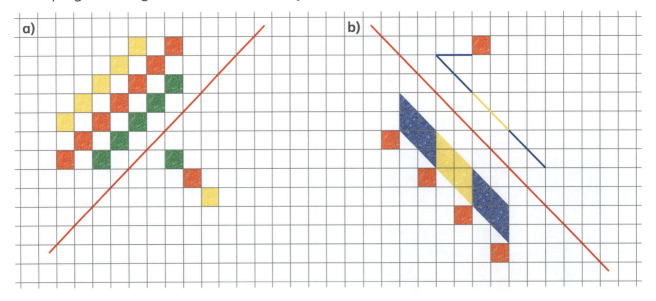

Figuren mehrfach spiegeln

1 Spiegle die Figuren an den Symmetrieachsen.

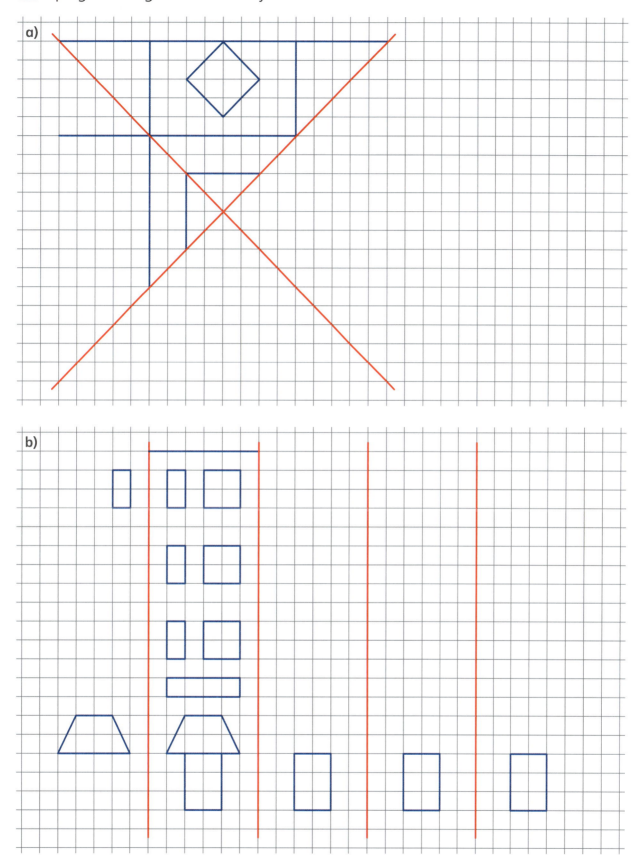

Figuren mehrfach spiegeln

1 Lege die Figuren nach und füge Streichhölzer hinzu, sodass folgende Formen entstehen: Quadrat, Rechteck, Dreieck, Parallelogramm. Zeichne deine Lösungen ein.

a)   b)  c)   d)

2 Verändere die Figuren wie beschrieben und zeichne deine Lösungen ein.

a)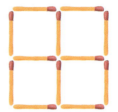

Entferne vier Streichhölzer, sodass nur noch ein Quadrat zu sehen ist.

b)

Entferne sechs Streichhölzer, sodass nur noch zwei Dreiecke zu sehen sind.

c)

Nimm ein Streichholz weg und lege es an eine andere Stelle.
Es sollen zwei Quadrate, ein Parallelogramm und ein Dreieck zu sehen sein.

3 Zeichne die Streichholzfiguren mit Lineal nach.
Ein Streichholz soll 2 cm lang sein.

a)

b)

c)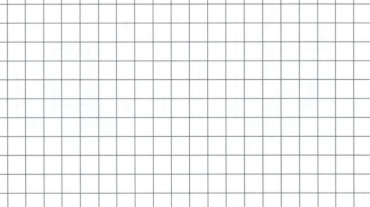

Streichholzfiguren

Das Übungsheft Geometrie Mathematik 3 – Lösungen (Seite 2–5)

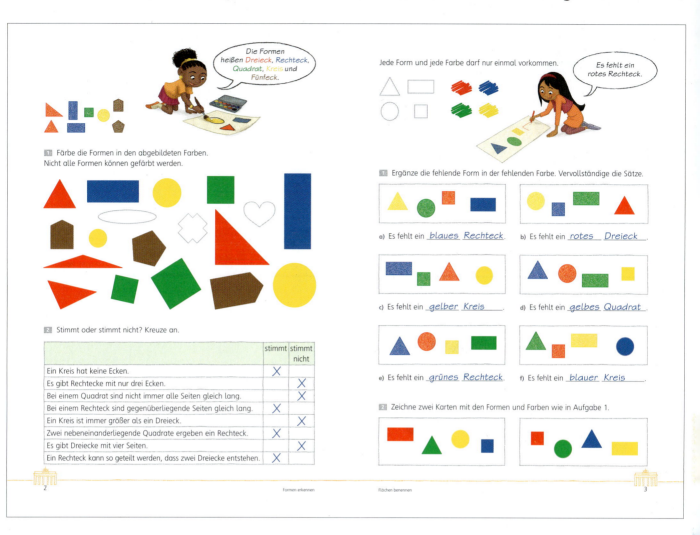

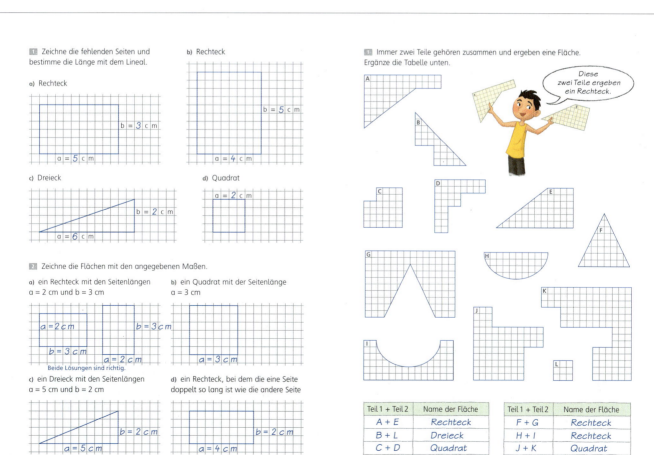

Das Übungsheft Geometrie Mathematik 3 – Lösungen (Seite 6–9)

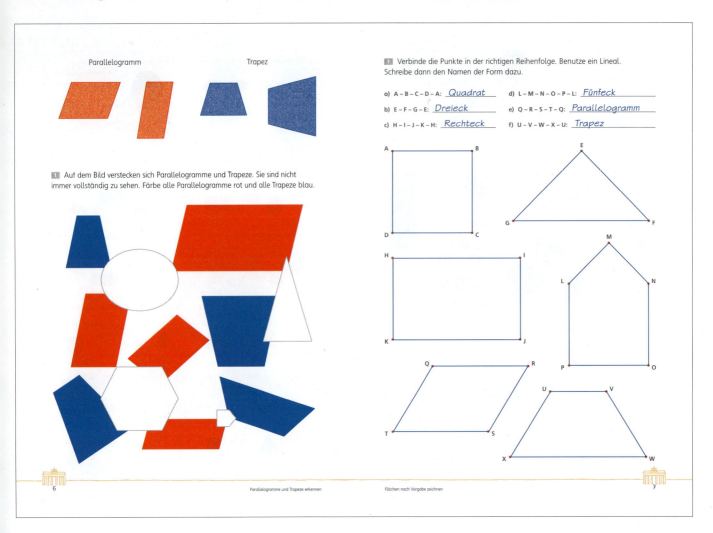

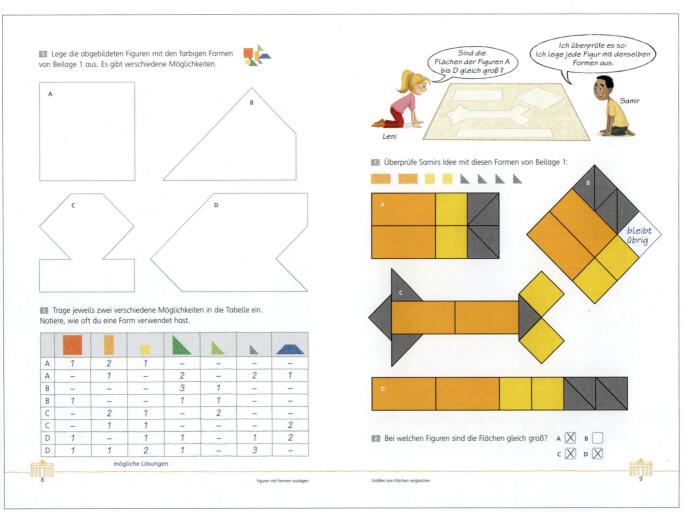

Das Übungsheft Geometrie Mathematik 3 – Lösungen (Seite 10–13)

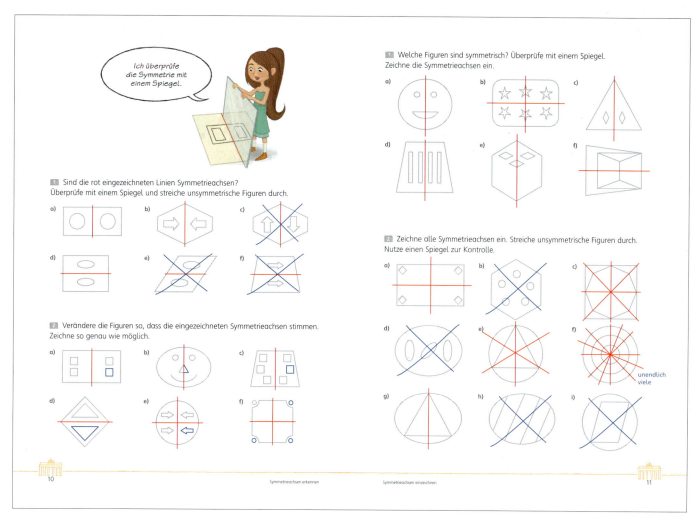

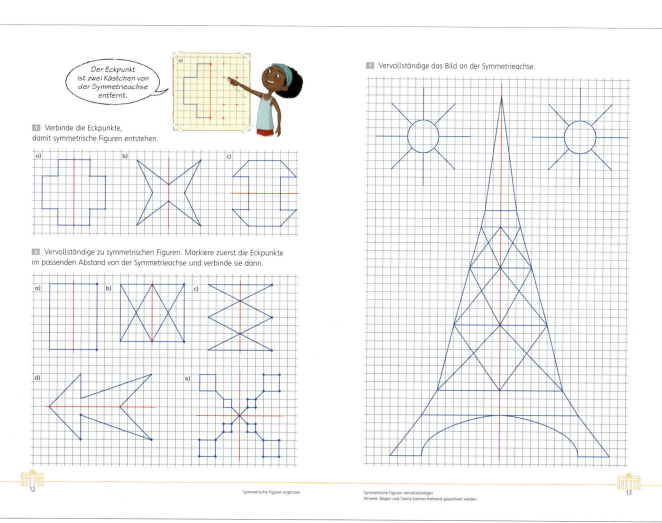

Das Übungsheft Geometrie Mathematik 3 – Lösungen (Seite 14–17)

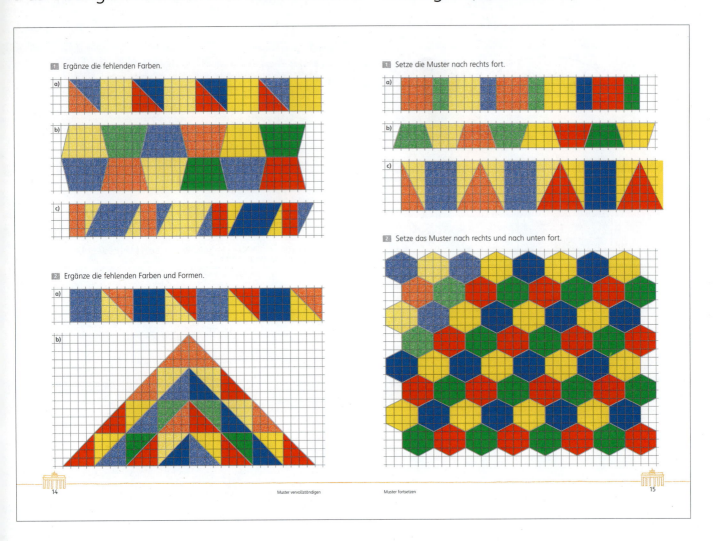

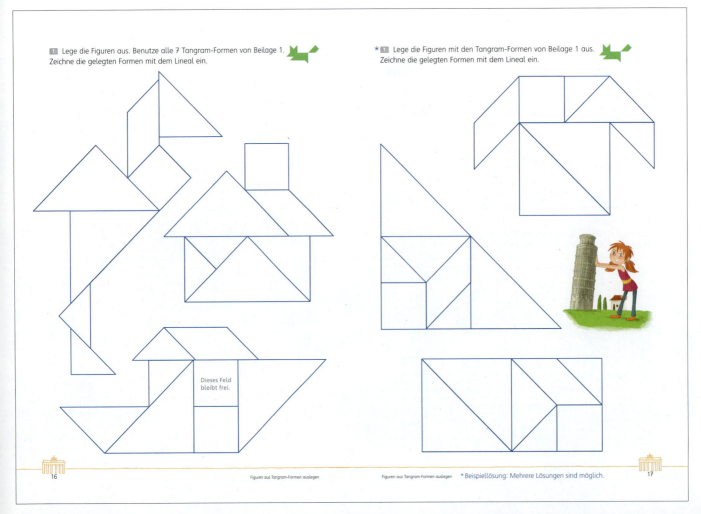

Das Übungsheft Geometrie Mathematik 3 – Lösungen (Seite 18–21)

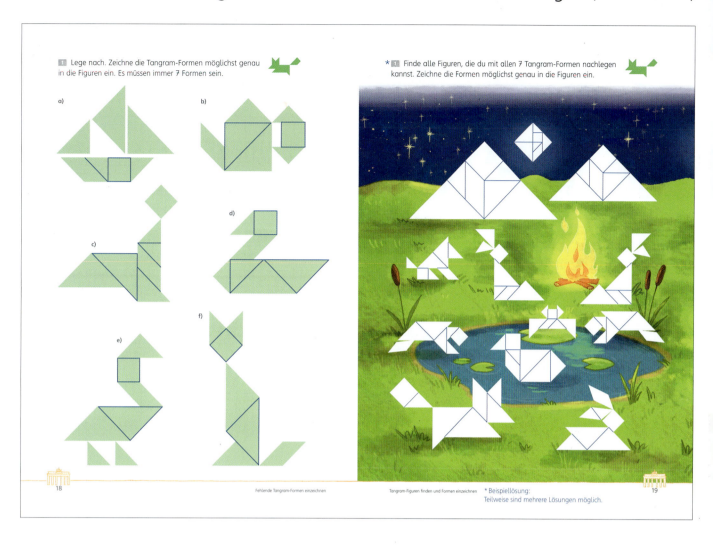

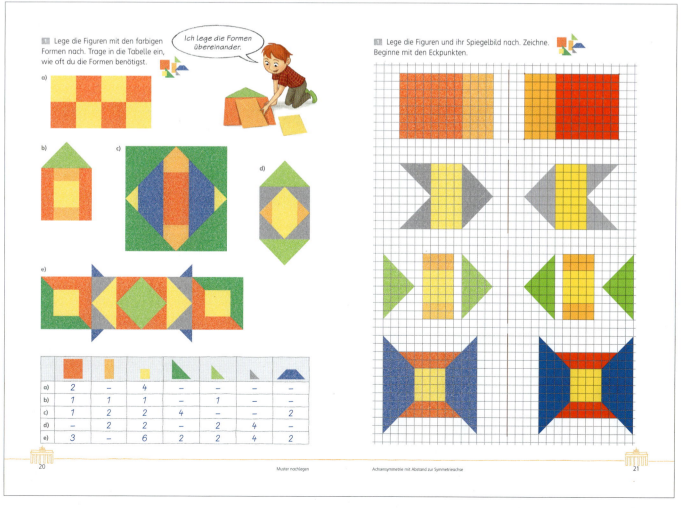

Das Übungsheft Geometrie Mathematik 3 – Lösungen (Seite 22–25)

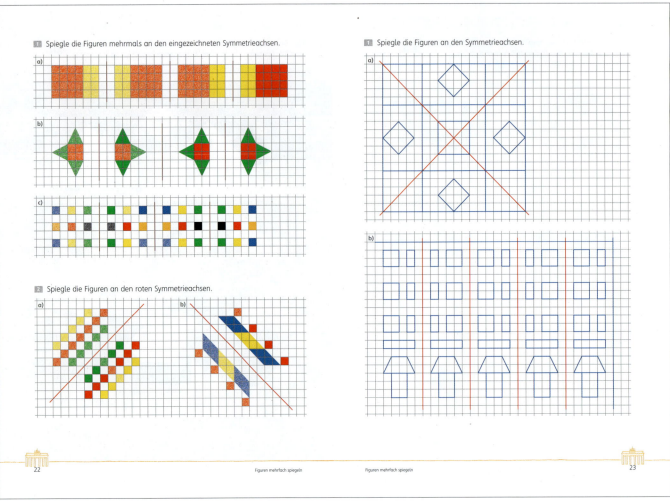

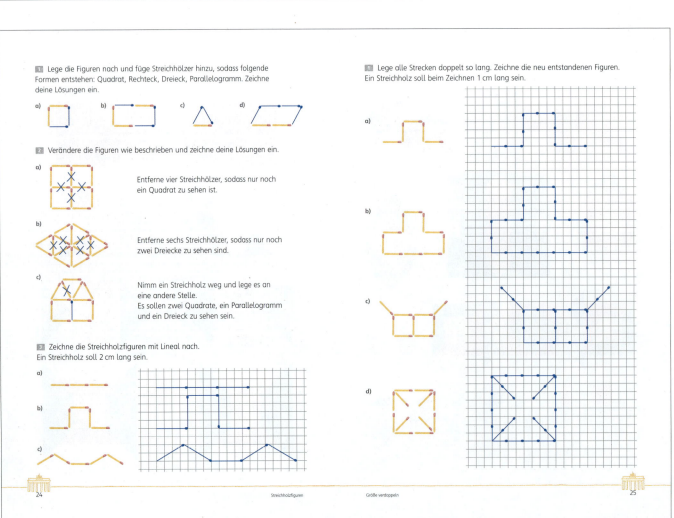

Das Übungsheft Geometrie Mathematik 3 – Lösungen (Seite 26–29)

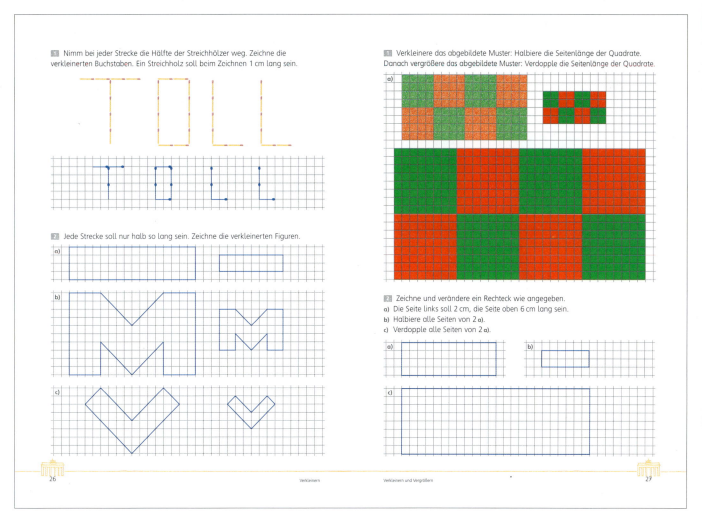

Das Übungsheft Geometrie Mathematik 3 – Lösungen (Seite 30–33)

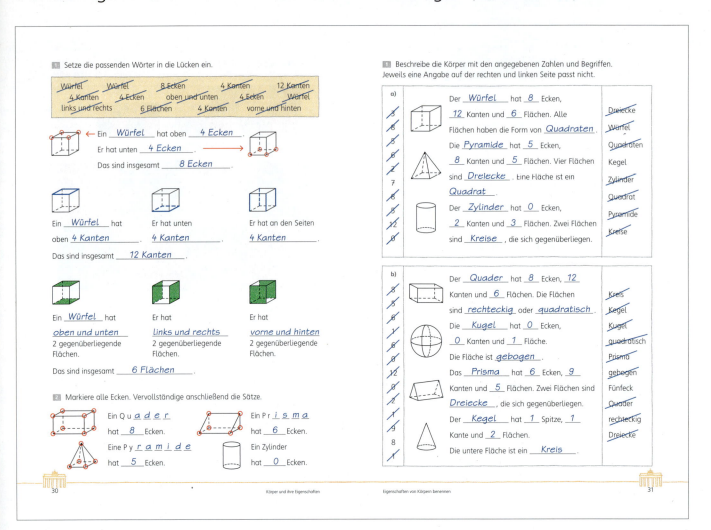

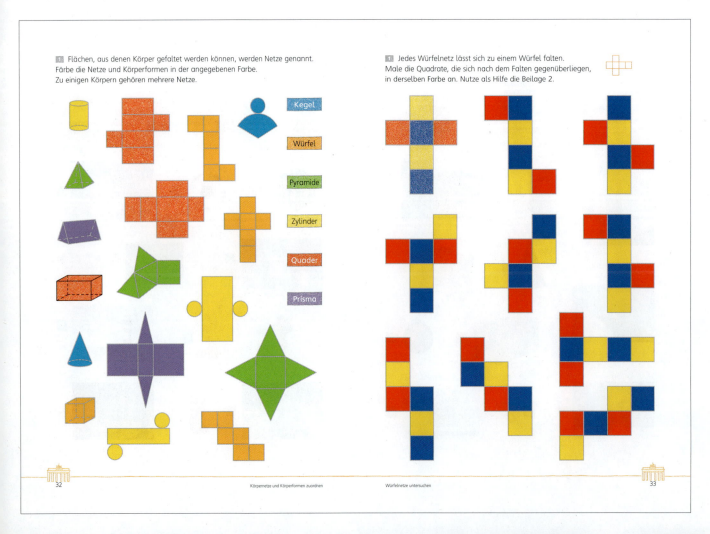

Das Übungsheft Geometrie Mathematik 3 – Lösungen (Seite 34–37)

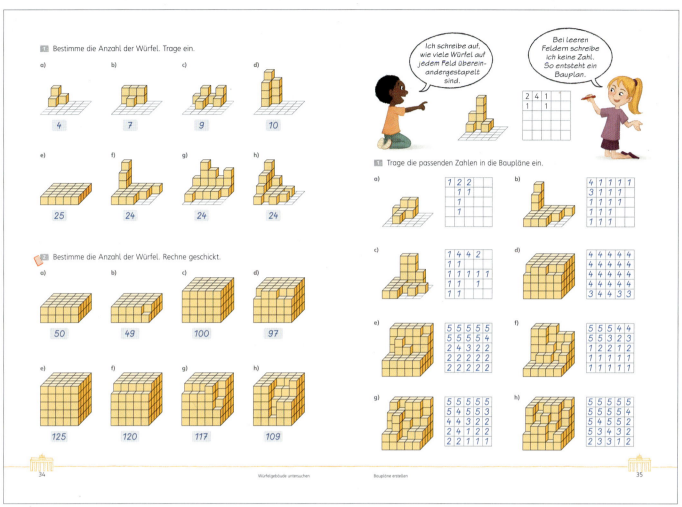

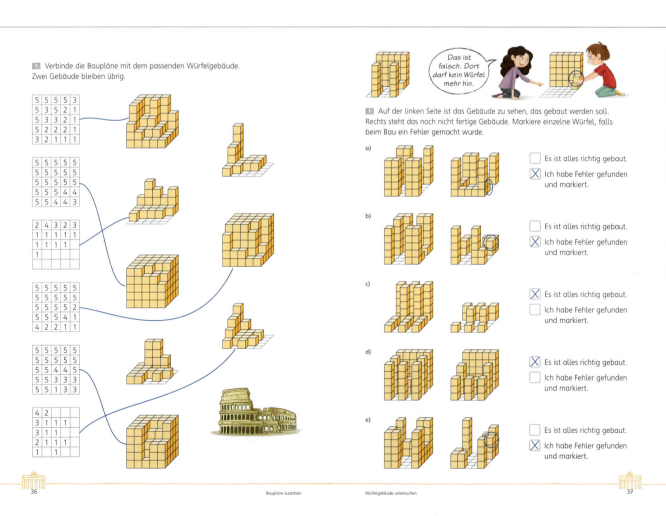

Das Übungsheft Geometrie Mathematik 3 – Lösungen (Seite 38–41)

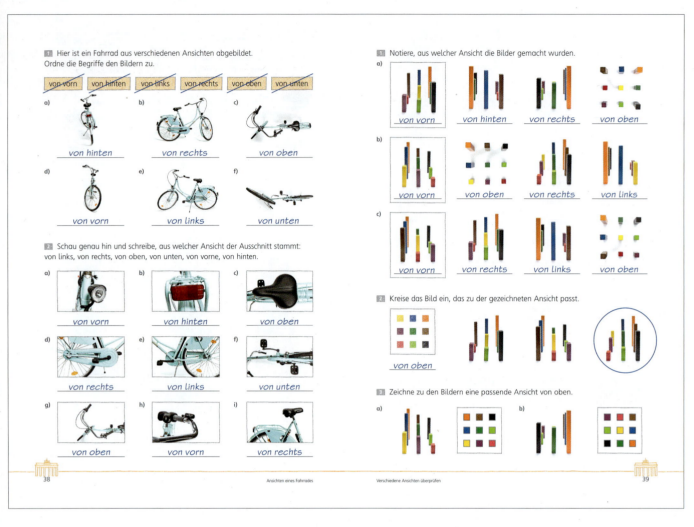

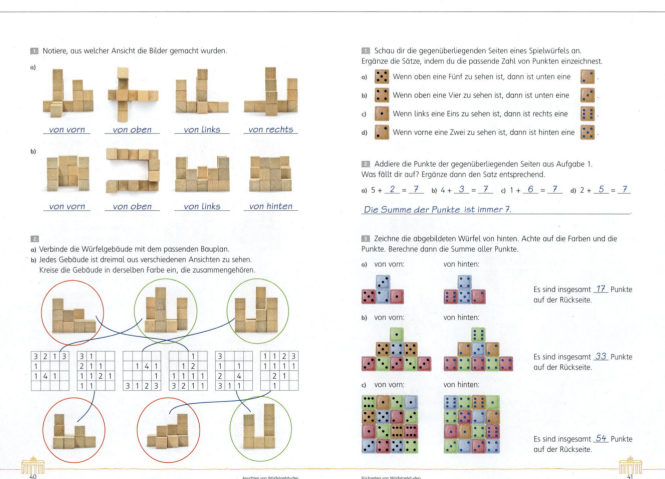

Das Übungsheft Geometrie Mathematik 3 – Lösungen (Seite 42–45)

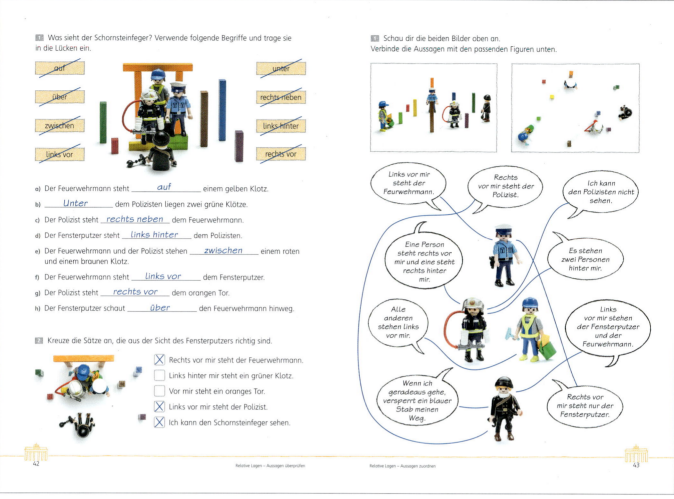

Das Übungsheft Geometrie Mathematik 3 – Lösungen (Seite 46–47)

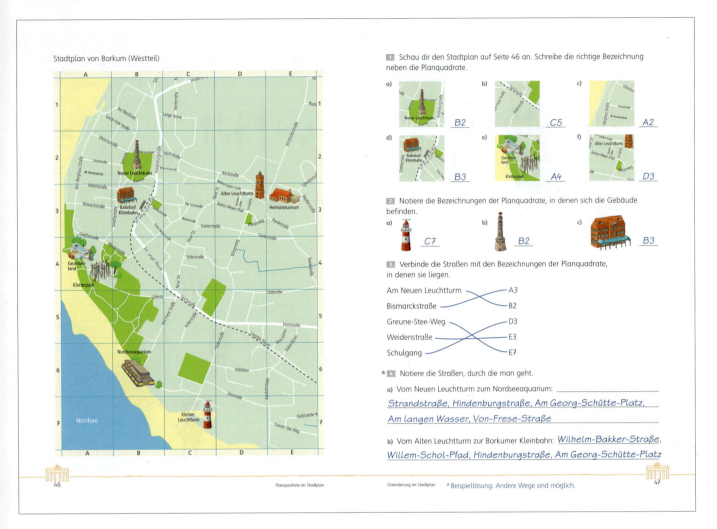

1 Lege alle Strecken doppelt so lang. Zeichne die neu entstandenen Figuren.
Ein Streichholz soll beim Zeichnen 1 cm lang sein.

a)

b)

c)

d)

Größe verdoppeln

1 Nimm bei jeder Strecke die Hälfte der Streichhölzer weg. Zeichne die verkleinerten Buchstaben. Ein Streichholz soll beim Zeichnen 1 cm lang sein.

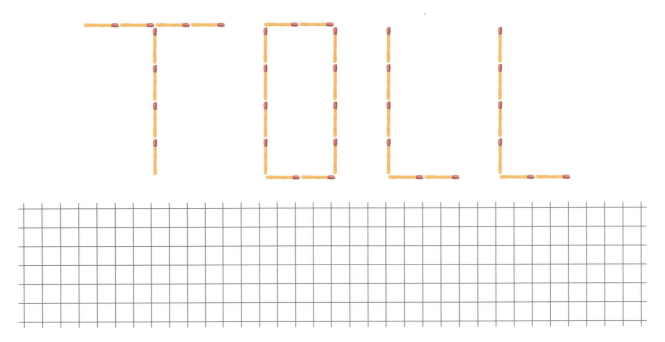

2 Jede Strecke soll nur halb so lang sein. Zeichne die verkleinerten Figuren.

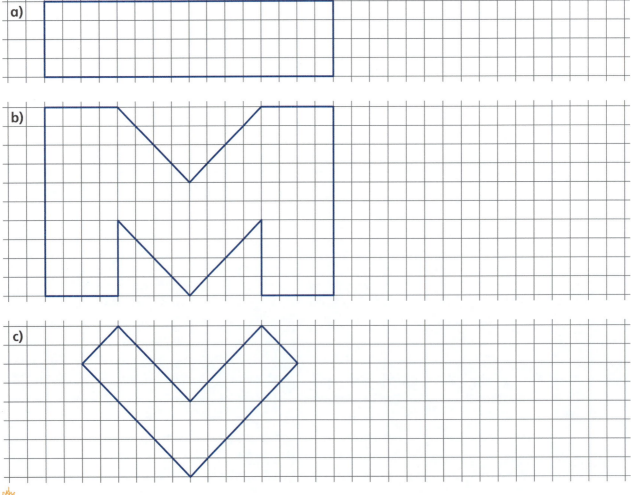

Verkleinern

1 Verkleinere das abgebildete Muster: Halbiere die Seitenlänge der Quadrate.
Danach vergrößere das abgebildete Muster: Verdopple die Seitenlänge der Quadrate.

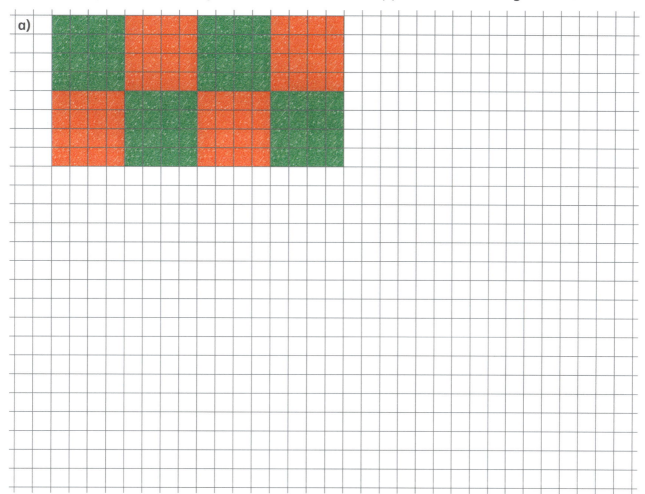

2 Zeichne und verändere ein Rechteck wie angegeben.
a) Die Seite links soll 2 cm, die Seite oben 6 cm lang sein.
b) Halbiere alle Seiten von 2 a).
c) Verdopple alle Seiten von 2 a).

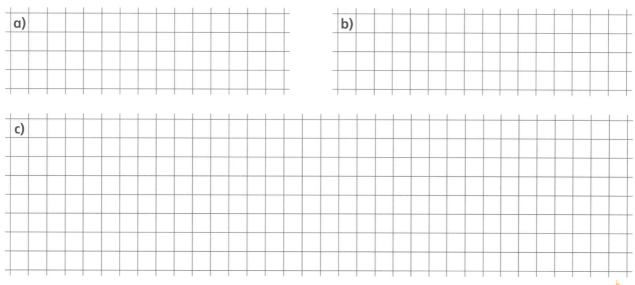

Verkleinern und Vergrößern

1 Welchen Körpern ähneln die Bilder? Färbe entsprechend.
Manchmal gibt es mehrere Möglichkeiten.

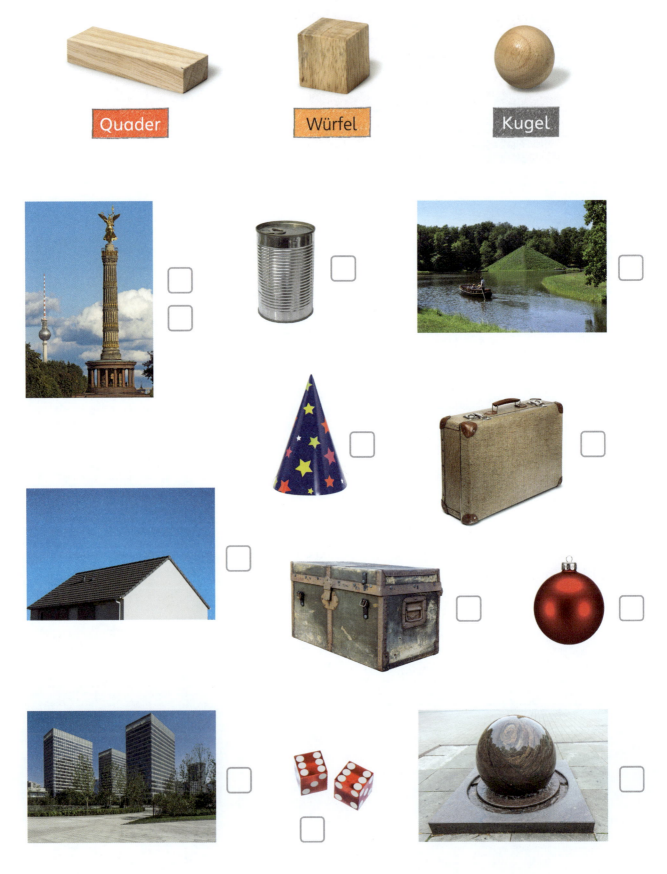

Körperformen erkennen und benennen

Zylinder　　　Pyramide　　　Kegel　　　Prisma

1 Setze die passenden Wörter in die Lücken ein.

> Würfel   Würfel   8 Ecken   4 Kanten   12 Kanten
> 4 Kanten   4 Ecken   oben und unten   4 Ecken   Würfel
> links und rechts   6 Flächen   4 Kanten   vorne und hinten

Ein _____ hat oben _____ .

Er hat unten _____ .

Das sind insgesamt _____ .

Ein _____ hat oben _____ .

Er hat unten _____ .

Er hat an den Seiten _____ .

Das sind insgesamt _____ .

Ein _____ hat _____ 2 gegenüberliegende Flächen.

Er hat _____ 2 gegenüberliegende Flächen.

Er hat _____ 2 gegenüberliegende Flächen.

Das sind insgesamt _____ .

2 Markiere alle Ecken. Vervollständige anschließend die Sätze.

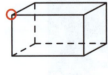 Ein Q u _ _ _ _ _ hat _____ Ecken.

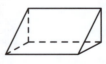 Ein P r _ _ _ _ _ hat _____ Ecken.

 Eine P y _ _ _ _ _ _ _ hat _____ Ecken.

  Ein Zylinder hat _____ Ecken.

30 Körper und ihre Eigenschaften

1 Beschreibe die Körper mit den angegebenen Zahlen und Begriffen.
Jeweils eine Angabe auf der rechten und linken Seite passt nicht.

a)

3
8
5
6
2
7
8
5
12
0

Der _____ hat ____ Ecken, ____ Kanten und ____ Flächen. Alle Flächen haben die Form von _____.

Die _____ hat ____ Ecken, ____ Kanten und ____ Flächen. Vier Flächen sind _____. Eine Fläche ist ein _____.

Der _____ hat ____ Ecken, ____ Kanten und ____ Flächen. Zwei Flächen sind _____, die sich gegenüberliegen.

Dreiecke
Würfel
Quadraten
Kegel
Zylinder
Quadrat
Pyramide
Kreise

b)

8
5
6
1
6
0
12
0
2
1
9
8
1

Der _____ hat ____ Ecken, ____ Kanten und ____ Flächen. Die Flächen sind _____ oder _____.

Die _____ hat ____ Ecken, ____ Kanten und ____ Fläche. Die Fläche ist _____.

Das _____ hat ____ Ecken, ____ Kanten und ____ Flächen. Zwei Flächen sind _____, die sich gegenüberliegen.

Der _____ hat ____ Spitze, ____ Kante und ____ Flächen. Die untere Fläche ist ein _____.

Kreis
Kegel
Kugel
quadratisch
Prisma
gebogen
Fünfeck
Quader
rechteckig
Dreiecke

Eigenschaften von Körpern benennen

1 Flächen, aus denen Körper gefaltet werden können, werden Netze genannt.
Färbe die Netze und Körperformen in der angegebenen Farbe.
Zu einigen Körpern gehören mehrere Netze.

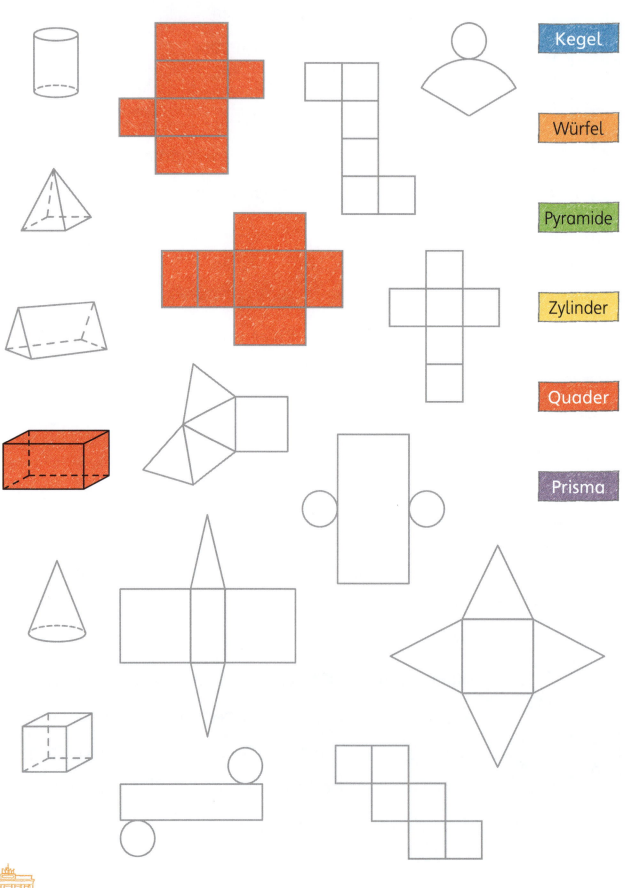

Körpernetze und Körperformen zuordnen

1 Jedes Würfelnetz lässt sich zu einem Würfel falten. Male die Quadrate, die sich nach dem Falten gegenüberliegen, in derselben Farbe an. Nutze als Hilfe die Beilage 2.

Würfelnetze untersuchen

Bestimme die Anzahl der Würfel. Trage ein.

a)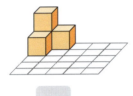

b)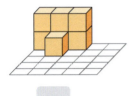

c)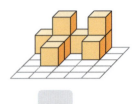

d)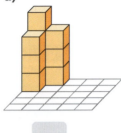

e)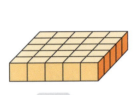

f)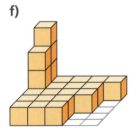

g)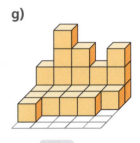

h)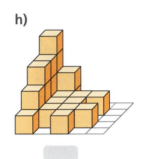

 Bestimme die Anzahl der Würfel. Rechne geschickt.

a)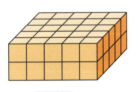

b)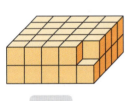

c)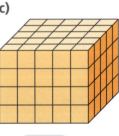

d)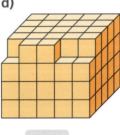

e)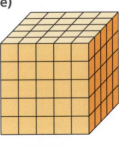

f)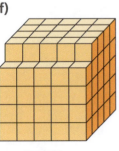

g)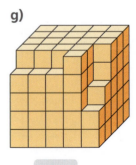

h)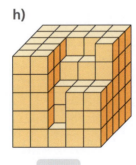

Würfelgebäude untersuchen

1 Trage die passenden Zahlen in die Baupläne ein.

a)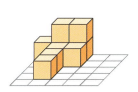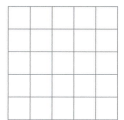

b)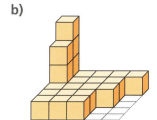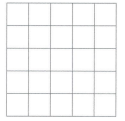

c)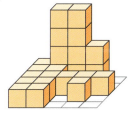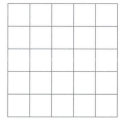

d)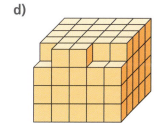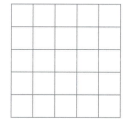

e)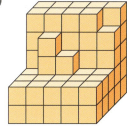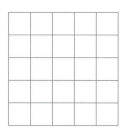

f)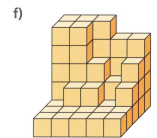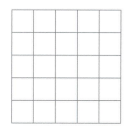

g)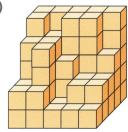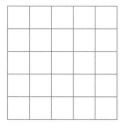

h)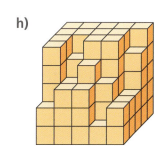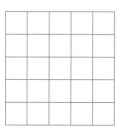

Baupläne erstellen

1 Verbinde die Baupläne mit dem passenden Würfelgebäude.
Zwei Gebäude bleiben übrig.

5	5	5	5	3
5	3	5	2	1
5	3	3	2	1
5	2	2	2	1
3	2	1	1	1

5	5	5	5	5
5	5	5	5	5
5	5	5	5	5
5	5	5	4	4
5	5	4	4	3

2	4	3	2	3
1	1	1	1	1
1	1	1	1	
1				

5	5	5	5	5
5	5	5	5	5
5	5	5	5	2
5	5	5	4	1
4	2	2	1	1

5	5	5	5	5
5	5	5	5	5
5	5	4	4	5
5	5	3	3	3
5	5	1	3	3

4	2			
3	1	1	1	
3	1	1		
2	1	1	1	
1		1		

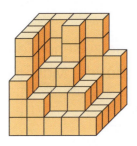
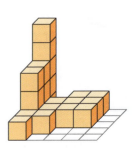
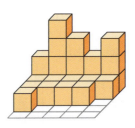
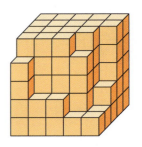
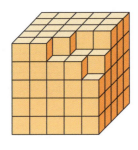
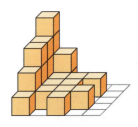
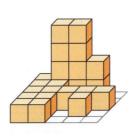
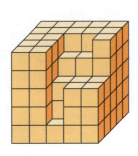

Baupläne zuordnen

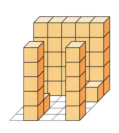

1 Auf der linken Seite ist das Gebäude zu sehen, das gebaut werden soll. Rechts steht das noch nicht fertige Gebäude. Markiere einzelne Würfel, falls beim Bau ein Fehler gemacht wurde.

a)
☐ Es ist alles richtig gebaut.
☐ Ich habe Fehler gefunden und markiert.

b)
☐ Es ist alles richtig gebaut.
☐ Ich habe Fehler gefunden und markiert.

c)
☐ Es ist alles richtig gebaut.
☐ Ich habe Fehler gefunden und markiert.

d)
☐ Es ist alles richtig gebaut.
☐ Ich habe Fehler gefunden und markiert.

e)
☐ Es ist alles richtig gebaut.
☐ Ich habe Fehler gefunden und markiert.

Würfelgebäude untersuchen

1 Hier ist ein Fahrrad aus verschiedenen Ansichten abgebildet. Ordne die Begriffe den Bildern zu.

| von vorn | von hinten | von links | ~~von rechts~~ | von oben | von unten |

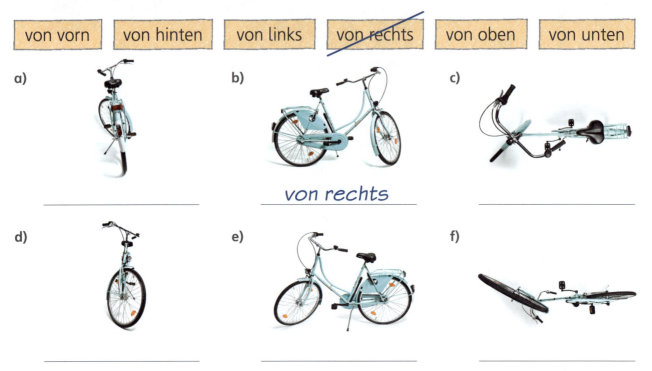

b) von rechts

2 Schau genau hin und schreibe, aus welcher Ansicht der Ausschnitt stammt: von links, von rechts, von oben, von unten, von vorne, von hinten.

1 Notiere, aus welcher Ansicht die Bilder gemacht wurden.

a)
von vorn

b)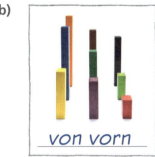
von vorn _____  _____  _____

c)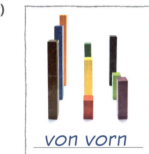
von vorn _____  _____  _____

2 Kreise das Bild ein, das zu der gezeichneten Ansicht passt.

von oben

3 Zeichne zu den Bildern eine passende Ansicht von oben.

a)

b)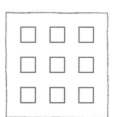

Verschiedene Ansichten überprüfen

1 Notiere, aus welcher Ansicht die Bilder gemacht wurden.

a)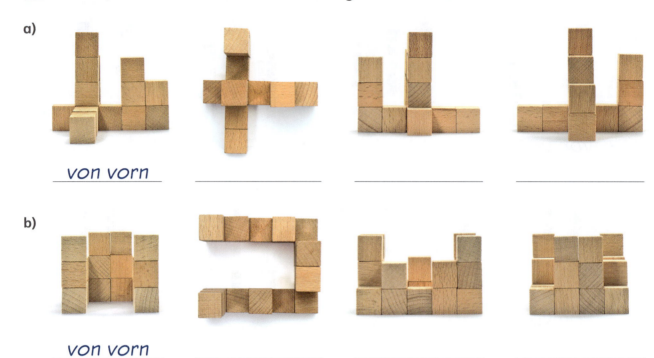

von vorn

b)

von vorn

2
a) Verbinde die Würfelgebäude mit dem passenden Bauplan.
b) Jedes Gebäude ist dreimal aus verschiedenen Ansichten zu sehen. Kreise die Gebäude in derselben Farbe ein, die zusammengehören.

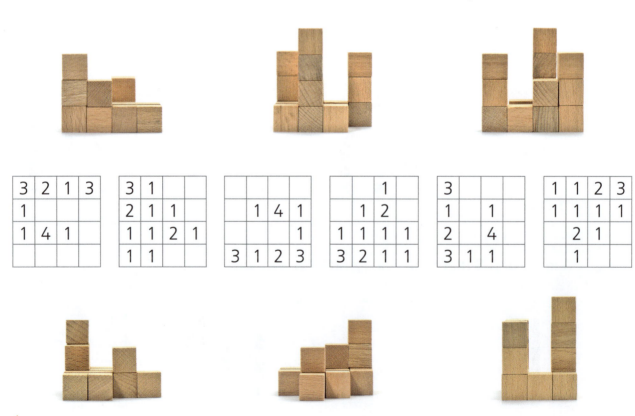

Ansichten von Würfelgebäuden

1 Schau dir die gegenüberliegenden Seiten eines Spielwürfels an.
Ergänze die Sätze, indem du die passende Zahl von Punkten einzeichnest.

a) Wenn oben eine Fünf zu sehen ist, dann ist unten eine ____ .

b) Wenn oben eine Vier zu sehen ist, dann ist unten eine ____ .

c) Wenn links eine Eins zu sehen ist, dann ist rechts eine ____ .

d) Wenn vorne eine Zwei zu sehen ist, dann ist hinten eine ____ .

2 Addiere die Punkte der gegenüberliegenden Seiten aus Aufgabe 1.
Was fällt dir auf? Ergänze dann den Satz entsprechend.

a) 5 + ___ = ___   b) 4 + ___ = ___   c) 1 + ___ = ___   d) 2 + ___ = ___

Die Summe der Punkte _____.

3 Zeichne die abgebildeten Würfel von hinten. Achte auf die Farben und die Punkte. Berechne dann die Summe aller Punkte.

a) von vorn: von hinten:

Es sind insgesamt ____ Punkte auf der Rückseite.

b) von vorn: von hinten:

Es sind insgesamt ____ Punkte auf der Rückseite.

c) von vorn: von hinten:

Es sind insgesamt ____ Punkte auf der Rückseite.

Rückseiten von Würfelgebäuden

1 Was sieht der Schornsteinfeger? Verwende folgende Begriffe und trage sie in die Lücken ein.

~~auf~~   über   zwischen   links vor   unter   rechts neben   links hinter   rechts vor

a) Der Feuerwehrmann steht _____auf_____ einem gelben Klotz.

b) _____ dem Polizisten liegen zwei grüne Klötze.

c) Der Polizist steht _____ dem Feuerwehrmann.

d) Der Fensterputzer steht _____ dem Polizisten.

e) Der Feuerwehrmann und der Polizist stehen _____ einem roten und einem braunen Klotz.

f) Der Feuerwehrmann steht _____ dem Fensterputzer.

g) Der Polizist steht _____ dem orangen Tor.

h) Der Fensterputzer schaut _____ den Feuerwehrmann hinweg.

2 Kreuze die Sätze an, die aus der Sicht des Fensterputzers richtig sind.

☐ Rechts vor mir steht der Feuerwehrmann.
☐ Links hinter mir steht ein grüner Klotz.
☐ Vor mir steht ein oranges Tor.
☐ Links vor mir steht der Polizist.
☐ Ich kann den Schornsteinfeger sehen.

Relative Lagen – Aussagen überprüfen

1 Schau dir die beiden Bilder oben an.
Verbinde die Aussagen mit den passenden Figuren unten.

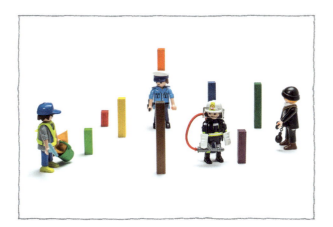

Links vor mir steht der Feurwehrmann.

Rechts vor mir steht der Polizist.

Ich kann den Polizisten nicht sehen.

Eine Person steht rechts vor mir und eine steht rechts hinter mir.

Es stehen zwei Personen hinter mir.

Alle anderen stehen links vor mir.

Links vor mir stehen der Fensterputzer und der Feurwehrmann.

Wenn ich geradeaus gehe, versperrt ein blauer Stab meinen Weg.

Rechts vor mir steht nur der Fensterputzer.

Relative Lagen – Aussagen zuordnen

1 Schreibe die folgenden Begriffe hinter die passende Bezeichnung des Planquadrates.

| Dinosaurier | Nashorn | Dreirad | Apfel | Giraffe |

| Schuhe | Rose | Papagei | Bildschirm |

D1: *Dinosaurier* A6: _____ C5: _____

E4: _____ C6: _____ E2: _____

B5: _____ B1: _____ D2: _____

2 Schreibe die passende Bezeichnung des Planquadrates hinter die Bilder.

3 Folge den Beschreibungen und verbinde mit dem passenden Bild. Zwei Bilder bleiben übrig. Streiche sie durch.

a) Von D1 drei Felder nach unten.

b) Von C6 vier Felder nach oben und ein Feld nach rechts.

c) Von A3 drei Felder nach rechts und zwei Felder nach unten.

d) Vom Feld D4 zwei Felder nach links und drei Felder nach oben.

4 Beschreibe den Weg.

a) Vom  zum  :

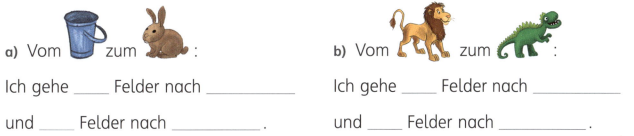

Ich gehe ____ Felder nach _____

und ____ Felder nach _____ .

b) Vom ___ zum ___ :

Ich gehe ____ Felder nach _____

und ____ Felder nach _____ .

Orientierung mit Planquadraten

Stadtplan von Borkum (Westteil)

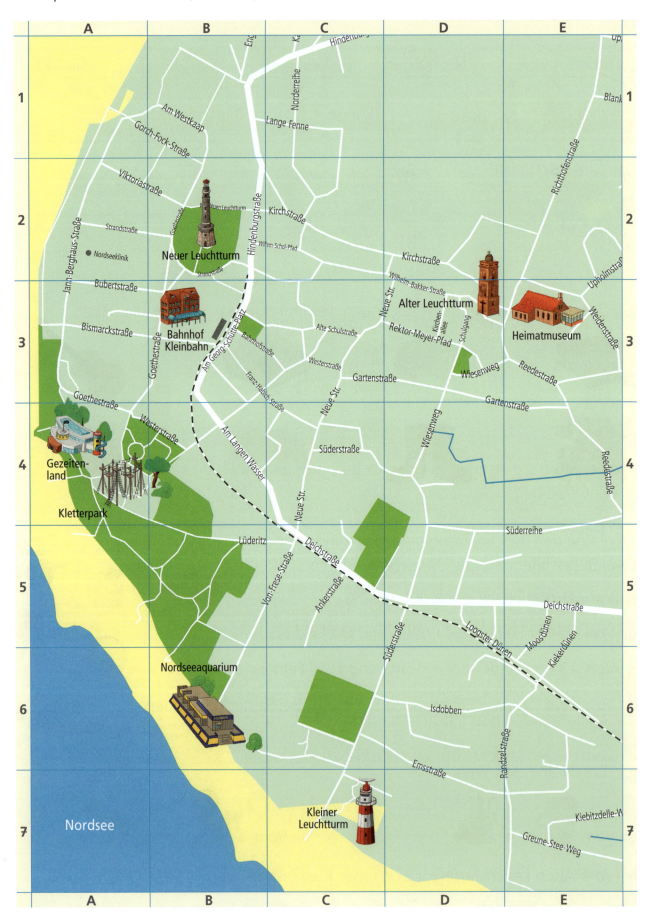

Planquadrate im Stadtplan

1 Schau dir den Stadtplan auf Seite 46 an. Schreibe die richtige Bezeichnung neben die Planquadrate.

a) Neuer Leuchtturm — B2

b) _____

c) _____

d) Bahnhof Kleinbahn _____

e) Gezeitenland / Kletterpark _____

f) Alter Leuchtturm _____

2 Notiere die Bezeichnungen der Planquadrate, in denen sich die Gebäude befinden.

a) _____ b) _____ c) _____

3 Verbinde die Straßen mit den Bezeichnungen der Planquadrate, in denen sie liegen.

Am Neuen Leuchtturm	A3
Bismarckstraße	B2
Greune-Stee-Weg	D3
Weidenstraße	E3
Schulgang	E7

4 Notiere die Straßen, durch die man geht.

a) Vom Neuen Leuchtturm zum Nordseeaquarium: _____

b) Vom Alten Leuchtturm zur Borkumer Kleinbahn: _____

Orientierung im Stadtplan

Inhaltsverzeichnis

Flächen und Formen
2 Formen erkennen
3 Flächen benennen
4 Flächen zeichnen
5 Fläche aus Teilstücken zusammensetzen
6 Parallelogramme und Trapeze erkennen
7 Flächen nach Vorgabe zeichnen
8 Figuren mit Formen auslegen
9 Größen von Flächen vergleichen

Symmetrie I
10 Symmetrieachsen erkennen
11 Symmetrieachsen einzeichnen
12 Symmetrische Figuren ergänzen
13 Symmetrische Figuren vervollständigen

Muster und Tangram-Formen
14 Muster vervollständigen
15 Muster fortsetzen
16 Figuren aus Tangram-Formen auslegen
17 Figuren aus Tangram-Formen auslegen
18 Fehlende Tangram-Formen einzeichnen
19 Tangram-Figuren finden und Formen einzeichnen

Symmetrie II
20 Muster nachlegen
21 Achsensymmetrie mit Abstand zur Symmetrieachse
22 Figuren mehrfach spiegeln
23 Figuren mehrfach spiegeln

Vergrößern und Verkleinern
24 Streichholzfiguren
25 Größe verdoppeln
26 Verkleinern
27 Verkleinern und Vergrößern

Körper und Netze
28 Körperformen erkennen und benennen
29 Körperformen erkennen und benennen
30 Körper und ihre Eigenschaften
31 Eigenschaften von Körpern benennen
32 Körpernetze und Körperformen zuordnen
33 Würfelnetze untersuchen

Würfelgebäude und Baupläne
34 Würfelgebäude untersuchen
35 Baupläne erstellen
36 Baupläne zuordnen
37 Würfelgebäude untersuchen

Ansichten und relative Lagen
38 Ansichten eines Fahrrades
39 Verschiedene Ansichten überprüfen
40 Ansichten von Würfelgebäuden
41 Rückseiten von Würfelgebäuden
42 Relative Lagen – Aussagen überprüfen
43 Relative Lagen – Aussagen zuordnen

Orientierung mit Planquadraten
44 Darstellung in Planquadraten
45 Orientierung mit Planquadraten
46 Planquadrate im Stadtplan
47 Orientierung im Stadtplan